L'INCISION CIRCULAIRE

ET

L'INCISION ANNULAIRE

DE LA VIGNE

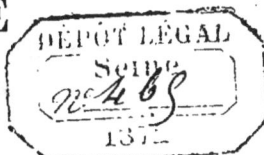

PAR

M. CHARLES BALTET,

pépiniériste-horticulteur, à Troyes (Aube).

Extrait du *Journal de la Société centrale d'Horticulture de France*,
(Vol. V, 2e Série, 1871, p. 383-389 et p. 439-450.)

PARIS

IMPRIMERIE DE E. DONNAUD,

RUE CASSETTE, 9.

——

1871

Ⓒ

Sp

6348

L'INCISION ANNULAIRE ET L'INCISION CIRCULAIRE
DE LA VIGNE

L'incision annulaire est une opération par laquelle on enlève un anneau d'écorce sur une branche. En disant écorce, nous comprenons toute l'épaisseur des couches corticales, sans que l'Aubier soit entamé. Il en résulte une perturbation dans la végétation normale du sujet et une tendance pléthorique. La partie située au-dessus de l'incision ralentit sa croissance en longueur, tout en augmentant momentanément sa croissance en diamètre.

La solution de continuité ne doit pas être trop étendue ; il convient que le bourrelet de nouveau tissu produit par la séve descendante puisse rejoindre la lèvre inférieure et cicatriser la blessure avant la fin de l'année. Une largeur de 1 ou 2 millimètres suffit pour la Vigne.

Cette cicatrisation de la plaie n'est pas d'une nécessité absolue ; nous avons des exemples de Vignes, de Poiriers, de Pommiers où la non-cicatrisation n'a pas empêché la branche de vivre et de fructifier pendant plusieurs années, tout en perdant, il est vrai, sa rusticité primitive.

Si la branche incisée porte des bourgeons fructifères, et si la décortication a lieu pendant la floraison de l'arbuste, surtout à la phase initiale de cette période, le fruit placé au-dessus de la section annulaire nouera mieux, son volume sera supérieur, son coloris vigoureusement accentué, sa maturation précoce; tandis que si l'on attendait, pour opérer, que l'épanouissement des fleurs fût terminé, l'influence de l'incision contre la coulure serait nulle ; tout au plus obtiendrait-on une légère avance dans la maturité du fruit.

Malgré ses avantages, l'incision annulaire présente des inconvénients; de là des partisans et des détracteurs. Il y a lieu cependant de rester dans un juste milieu, et de considérer l'annellation comme une auxiliaire de l'Horticulture et de la Viticulture, sous condition.

En agriculture, il n'est point de principe absolu. Tel système, excellent sous un climat, peut être défectueux dans un autre. La Vigne n'offre-t-elle pas l'exemple d'une variété de méthodes de plantation, de taille, de dressage qui ont chacune leurs défenseurs et leurs adversaires?

Par une observation attentive des faits et des résultats, on peut dire que, sur la Vigne, l'incision a plus d'efficacité :

1° Dans un pays froid au printemps, d'une température inégale en été, brumeux à l'automne;

2° Sous un climat rigoureux, humide, tardif;

3° Dans un sol riche, fournissant une végétation abondante;

4° Avec des cépages vigoureux, robustes, ou produisant des Raisins à maturité tardive, ou sujets à la coulure ;

5° Sur une Vigne conduite à long bois plutôt que sur une Vigne soumise exclusivement à la taille courte.

Une sécheresse excessive, une terre pauvre, une Vigne malade, un cep chétif, un brin faible sont de mauvaises conditions pour l'application de l'incision.

Nous verrons tout à l'heure que, sur un cep de Vigne, on peut substituer à l'enlèvement d'un anneau d'écorce une simple coupure circulaire de l'écorce. Au point de vue théorique, il y aura moins de perturbation dans l'économie du végétal; au point de vue pratique, le travail est rendu plus facile. Ce serait alors *l'incision simple et circulaire* au lieu de *l'incision double et annulaire*.

THÉORIE DE L'INCISION. — On se demande d'abord jusqu'à quel point le principe vital de la plante peut admettre l'annellation ? Essayons d'y répondre.

Chez les végétaux, la circulation du fluide nourricier s'établit par un double courant connu sous les noms de *séve brute* ou *ascendante* et de *séve élaborée* ou *descendante*. Le liquide s'élève par les vaisseaux et les cellules de l'arbre, et vient s'élaborer dans les feuilles et autres parties vertes, en laissant évaporer l'eau qu'il contient en excès. La sève, ainsi concentrée, purifiée, réchauffée par les agents atmosphériques, redescend par le cyctème cortical et se dirige vers les racines dont elle va favoriser le développement.

Le mouvement séveux continue ainsi pendant toute la période de végétation.

Si donc un obstacle, tel que la suppression d'un lambeau d'écorce enlevé circulairement sur la tige du sujet, vient enrayer le cours de la sève descendante ou nourricière, celle-ci s'accumulera forcément dans les parties situées au-dessus de cet obstacle qui, par cela même, en seront toutes mieux et plus abondamment nourries.

Toutefois il y aurait à craindre que, par la présence de cette section annulaire, la plante ne cessât de recevoir dans son système radicellaire les sucs nutritifs qui permettent aux parties de ce système de se développer, qui leur conservent leur activité et leur laissent puiser dans le sol les éléments de la sève ascendante. Dès lors, les rapports intimes entre l'appareil aérien et l'appareil souterrain seraient brisés, l'équilibre de la force végétative ne tarderait pas à se rompre, et le végétal finirait par dépérir avec d'autant plus de rapidité que la circoncision serait renouvelée d'une façon absolue.

Mais supposons : 1° qu'au lieu d'inciser complétement la tige de l'arbre, on n'incise qu'une branche, de façon qu'il en reste d'autres, intactes, pour absorber et transmettre aux racines la sève élaborée par les feuilles ; 2° que l'on choisisse pour victime (car une branche incisée est une branche sacrifiée) une branche inutile, un rameau qui doit être supprimé après une seule année de végétation altérée ; 3° qu'au lieu d'enlever un collier d'écorce, on se borne à couper les couches de l'écorce par une incision simple, une fissure périphérique, sans en détacher la moindre parcelle... Ne respecterait-on pas les lois de la nature, tout en cherchant à bénéficier de l'incision ?

Mieux que tout autre végétal, la Vigne se prête parfaitement à cette combinaison. D'abord la sève y est abondante, attirée par un large feuillage et rencontrant des vaisseaux ligneux en grand nombre et d'un fort calibre ; ensuite la majorité des systèmes de taille reposent sur une donnée bien simple : tailler long une branche pour en récolter le fruit, à la condition que sur la même souche, on taille court une autre branche pour remplacer la première lors de la taille suivante. D'un autre côté, la structure des tissus de la Vigne, qui n'a jamais que très-peu de liber et de parenchyme cortical, admet l'incision simple et circulaire, au même titre que l'incision double et annulaire.

On a parlé de la torsion du long bois, de la strangulation, de la perforation ; leur effet est moins énergique que celui de l'annellation. Ces obstacles au cours de la séve excitent encore le développement des bourgeons de remplacement ménagés sur le courson, et l'incision simple ne provoque pas de pléthore ni la chute prématurée des feuilles au-delà de l'entaille autant que la décortication annulaire.

Notre raisonnement conduit à dire que l'incision serait plus profitable à une Vigne taillée long qu'à une Vigne soumise à la taille courte.

Nous ferons encore une observation. En 1856, M. Hardy, le vénérable jardinier en chef du Luxembourg, à Paris, nous déclarait, au Congrès pomologique de Lyon, que, pour s'opposer à l'avortement du *Chasselas gros coulard*, il suffisait de greffer ce plant sur lui-même ou sur d'autres cépages. N'y aurait-il pas lieu de supposer que le point de soudure de la greffe, formant en quelque sorte bourrelet, joue le rôle de filtre de la séve, à la façon de l'incision simple ? Il est déjà prouvé que le bourrelet de la greffe n'est pas étranger à la fructification relativement supérieure du Poirier greffé sur le Cognassier.

PRATIQUE DE L'INCISION. — A l'origine de l'incision on se servait de couteau, de serpette ou de ciseaux pour couper l'écorce ; on agissait même par strangulation à l'aide d'un corps dur. Plus tard, on inventa des pinces à lames doubles, fixes ou mobiles, séparées par un intervalle de quelques millimètres pour découper une lanière transversale d'écorce d'une largeur équivalente. Cet outil dit *bagueur, coupe-séve* ou *inciseur*, est indispensable pour pratiquer l'incision double ou annulaire.

La Vigne se prêtant à l'incision simple ou circulaire, on peut se contenter de la pince à lames simples, légèrement acérées, échancrées à leur point de contact. On va beaucoup plus vite en besogne et l'outil coûte dix fois meilleur marché.

Le ciseau-inciseur a été perfectionné à Beaune, en 1869, par MM. Jules Ricaud, viticulteur distingué, Joseph Gagnerot, vigneron, propagateur de l'écussonnage de la vigne, et Refroigney, fabricant, au moyen de la denture du tranchant et de la monture de la lame sur bois, avec retraite formant point d'arrêt, de manière que la lame mâche l'écorce pour en retarder la cicatrisation, et ne pénètre pas trop profondément, par suite de la présence du point d'arrêt.

L'époque la plus favorable à l'opération est pendant la floraison de la Vigne, plutôt au début qu'à la fin, c'est-à-dire qu'il y aura plus d'efficacité à inciser sous une grappe qui commence à épanouir ses fleurs que sous une grappe défleurie. Le fluide circonscrit tardivement pourrait encore seconder la maturation du fruit et prévenir l'atrophie de raisins noués, mais débordés par une végétation foliacée excessive, résultant de pluies abondantes et continues.

On pratique l'incision immédiatement au-dessous de la grappe — à quelques yeux près ; — une incision au-dessus des grappes produirait un effet diamétralement opposé. Une petite expérience aide à le prouver. Incisez entre deux grappes : celle qui est au-delà du cran sera bien colorée et en maturité, tandis que la grappe placée en dessous sera maigre et en état de véraison.

On a soin de ne point opérer une branche destinée à continuer la structure du cep, et de ne point meurtrir la base du sarment qui sera conservé à l'état de courson lors de la taille subséquente.

D'après la constitution anatomique de la Vigne, on opère avec un succès égal sur une branche de deux ans portant plusieurs pampres, ou sur un scion herbacé, au-dessous des grappes que l'on veut favoriser. Avec une branche garnie de rameaux fructifiants, une seule incision pratiquée à sa base agit sur tous les rameaux placés au-dessus. Nous répétons encore que cette branche sera supprimée à la taille, et ne constitue pas la charpente du cep.

Donc, si l'on a conservé un long bois arqué, ployé, incliné ou dressé, il suffira de pratiquer l'incision sur la partie ligneuse au-dessous de l'empâtement des scions portant fruit, et au-dessus des scions que l'on doit conserver l'année suivante pour former le futur courson de remplacement et la future branche à fruit.

Pour opérer, on tient l'instrument par les branches avec une seule main, tandis que l'autre main soutient le brin à inciser. Puis, saisissant le rameau entre les lames, on imprime à l'outil un mouvement tournant alternatif de droite à gauche, le rameau représentant l'axe de rotation, de telle sorte que la coupure de l'écorce soit régulière sur la circonférence du rameau. L'écorce de la vigne étant pour ainsi dire confondue avec l'aubier à l'état peu consistant, il ne faut pas appuyer trop fort sur l'outil, sans quoi le rameau tomberait. D'ailleurs, un palissage préalable ne serait pas superflu.

Le bagueur, pince double, nécessite le nettoyage des lames et le dégorgement de l'écorce qui s'y amasse ; la cisaille simple ne réclame pas autant de soins.

Le praticien expérimenté sait aggraver la plaie avec l'outil par un imperceptible tremblement de la main qui tient la pince, à moins qu'il n'emploie l'inciseur en scie.

Une Vigne qui sera détruite après la vendange peut, sans inconvénient, être incisée à outrance, sur toutes les branches à fruit, jeunes ou vieilles, herbacées ou lignifiées, et même au collet du cep.

On peut inciser sans crainte un rameau destiné au provignage : La section transversale facilitera l'émission des racines sur le brin couché en terre.

En tout état de choses, toute mutilation violente d'un plant souffrant, fatigué, débile, d'une branche étiolée, serait plus pernicieuse que profitable.

La main-d'œuvre est insignifiante en raison des résultats à obtenir. Jadis, il fallait quinze jours pour mal inciser un hectare avec une serpette. Aujourd'hui avec les outils spéciaux, quatre jours suffisent et le travail est bien fait.

COMMENTAIRES SUR L'INCISION. — *Expériences depuis un siècle ;*

qualités des vins; variétés rebelles. — L'origine de l'incision annulaire n'est ni connue ni moderne ; nous ne chercherons pas à en établir l'histoire. Remontons seulement au siècle dernier, en nous appuyant sur des documents précis, authentiques, et sur les expériences d'hommes sérieux, justement renommés.

Dès 1733, Buffon voulant imiter les Anglais, décortiqua la base d'arbres forestiers une année avant de les abattre, afin d'accumuler la séve descendante dans leurs tissus, et d'augmenter la densité du bois. L'aubier, qui devient d'ordinaire bois parfait au bout de quinze ans, avait acquis plus de poids que le cœur d'arbres non opérés. Continuant ses expériences sur les arbres fruitiers, l'illustre naturaliste reconnut que l'incision augmentait la fécondité des arbres, et rendait les fruits plus beaux et plus précoces en maturité. Il n'hésita pas à en recommander l'emploi sur les végétaux riches en séve et plus vigoureux que fructifères.

Olivier de Serres parle de la torsion du pédoncule des Raisins et de l'incision des Oliviers. L'édition de son ouvrage qui est annotée par François de Neufchâteau, contient sur l'annellation des citations de travaux postérieures à l'existence du père de l'agriculture française.

A la suite de nombreux essais, plusieurs agronomes et botanistes, dont le nom fait autorité, ont apprécié favorablement l'incision. Tels sont : Duhamel, Lancry, l'abbé Rosier, Parmentier, Surisay-Delarue, Cabanis, Bosc, André Thouin, Calvel, Pfluguer, Hempel, de Candolle, Féburier, Thiébaut de Berneaud, C. Bailly, Raspail, Noisette, Poiteau, comte Odart, Gaudry, Chopin, Vibert, etc.

P. de Candolle (*Physiologie végétale*, liv. II, chap. v) parle des raisins de Corinthe, dans un jardin de Genève, qui n'ont pas coulé sous l'influence du *baguage*.

Cabanis fait la même réflexion, en 1802, à l'occasion « d'un cep de Vigne stérile rendu fécond ».

Parmentier, qui rédigea l'article « Vigne » dans le *Cours complet d'Agriculture* (1800) de l'abbé Rozier, engage à remplacer la pellicule de la solution de continuité, par un fil de laine pour mieux assurer l'obstacle à la coulure.

En 1809, Bosc, inspecteur des pépinières de l'Etat, dans le

1.

Nouveau cours d'Agriculture, exprime le vœu que l'usage de l'in-cision soit plus répandu.

Dans son *Cours de culture* (1827), André Thouin, professeur de culture au Muséum, auteur de nombreuses expériences sur cette question, conseille l'emploi de l'incision, lorsque la séve est sura-bondante.

Notre compatriote, le comte Lelieur, de Ville-sur-Arce, né comme le D' Jules Guyot, de Gyé-sur-Seine, dans l'arrondis-sement le plus viticole et le plus bourguignon du département de l'Aube, redoute la cassure du sarment (*Pomone française*, 1816) et ne « cerne » que des tissus fermes, le grain du raisin « étant parvenu à la grosseur du plomb de chasse n° 3 ».

La même crainte a inspiré Louis Noisette (*Jardin fruitier*, 1821) qui préfère l'application de l'incision sur une branche de l'année précédente. Ces craintes exprimées de nos jours par M. Th. Denis, arboriculteur distingué à Lyon, disparaissent avec le secours du palissage et de la cisaille simple.

En 1834, Chopin, de Bar-le-Duc, conseillait la culture du Poirier en fuseau avec une incision annulaire au collet de l'arbre pour le forcer à fruit. Un pareil procédé est trop radical ; il préci-pite le dépérissement et la mort de la plante.

Presque tous les auteurs anciens et modernes donnent un avis favorable à la pratique de l'annellation faite en saison conve-nable.

Le défenseur le plus renommé de l'incision annulaire fut Lambry, pépiniériste à Mandres (Seine-et-Oise), secondé par son fils, octogénaire aujourd'hui. Pendant plus de quarante années consécutives, il opéra sur plusieurs champs de Vignes qui lui appartenaient. Il prétend avoir appliqué le premier l'incision sur la Vigne, en 1776, et il la pratiqua jusqu'à sa mort, arrivée en 1827.

Nous avons compulsé les documents publiés à cette occasion ; ils sont très-élogieux :

1° Rapport des Commissaires délégués par le Ministère de l'In-térieur, sous la présidence du comte Davoust (an V) ;

2° Rapport de M. Vilmorin, père, à la Société d'Agriculture de la Seine (20 messidor, an VIII);

3° Procès-verbal du 6 octobre 1816, signé par les maires du canton, contre-signé par Giron, juge de paix, Bellard, procureur impérial, et constatant l'incision de 43 ares de vignes ;

4° Rapport de MM. Yvart et Vilmorin, fils, à la suite duquel ladite Société centrale d'Agriculture décerna à Lambry une médaille d'or, dans sa séance publique du 13 avril 1817 ;

5° Notices intitulées : *L'Opération proposée pour empêcher la coulure des vignes, et les expériences qui en ont prouvé l'avantage,* par LAMBRY (*Annales de l'Agriculture française,* t. I et IV);

6° Brochures avec gravures : *Exposé d'un moyen mis en pratique pour empêcher la Vigne de couler et hâter la maturité du raisin,* par LAMBRY (1re édition, 1796 ; 2me en 1817 ; 3me en 1818);

7° Note sur Lambry et sur l'incision, par M. VIBERT (*Journal de la Société impériale et centrale d'Horticulture de France,* 1859).

Ces pièces attestent, sans la moindre restriction, le succès prodigieux obtenu par Lambry contre la coulure de la Vigne et constatent une maturité précoce de 15 jours. La comparaison avec les Vignes voisines, surtout en 1816, année pluvieuse et favorable à la coulure, fut telle « que les cultivateurs les plus incrédules ont » dû se rendre à l'évidence. » En effet, à peine voyait-on çà et là dans leurs champs quelques grappes petites, presque vertes, dépouillées de la moitié de leurs grains, pendant que Lambry vendangeait des raisins abondants, garnis de grumes gonflées et colorées, en complète maturation.

M. Vibert, l'heureux père de jolies roses et de raisins succulents, voisin de M. Lambry, et qui assista aux visites officielles précitées, disait en 1859, à la Société d'Horticulture de Paris : « J'ai visité les vignes de Lambry ; la différence entre celles qui » avaient été opérées et les autres était si frappante et si pro-» noncée que les quarante-deux ans d'intervalle qui me séparent » de cette époque, n'ont pu effacer de ma mémoire l'impression » que je ressentis alors. » Sa notice se termine par cette phrase qui n'a rien perdu de son actualité : « Peut-être l'incision annu-» laire n'a-t-elle pas encore dit son dernier mot. »

A la suite de toutes ces délégations et publications, il se fit un grand bruit autour du nom de Lambry, et l'incision devint un engouement. N'avait-on pas entendu, d'ailleurs, à l'ouverture des chambres de la session de 1811, M. le comte de Montalivet, ministre de l'intérieur, tracer dans son discours le tableau prospère de la France sous le rapport du progrès des sciences, des arts, des manufactures, et en particulier de l'Agriculture, et annoncer l'abondance que l'heureuse découverte de l'incision annulaire allait répandre sur notre pays! (Cet incident nous rappelle que récemment le Ministre de l'Agriculture fit pressentir une récolte extraordinaire de céréales, avec la fécondation artificielle des blés, soi-disant inventée par Hooibrenck!) Quoi qu'il en soit, chacun voulut tenter l'expérience de l'incision, et ainsi qu'on pouvait le prévoir, le hasard, la maladresse et le manque d'indications précises vinrent assombrir le tableau; désormais le désappointement fut égal à l'enthousiasme.

Thiébaut de Berneaud en résuma les faits principaux dans le *Manuel du vigneron français* (1825). Ainsi l'Ariége, l'Hérault et la Gironde se plaignirent de la rupture du sarment incisé et du raisin grillé, sans se rendre compte que l'entaille profonde et l'absence du palissage avaient amené le premier inconvénient, et une chaleur prématurée, le second.

Dans la région du Rhône, de l'Ain et de la Loire, on reconnut les bons effets de l'incision transversale; mais l'opération ayant porté sur la tige et les branches principales du cep, les plants devinrent souffrants.

En Champagne, on parut regretter la coulure qui donnait à la cuve des grappes moins compactes, préférables pour les vins mousseux. Bons Champenois, que n'observiez-vous les préceptes de La Quintynie! Le célèbre jardinier de Louis XIV engage à faire couler les *Muscats* trop serrés en projetant de l'eau en pluie sur les fleurs au moyen d'une pompe ou d'un arrosoir!

La satisfaction, au contraire, fut complète dans les départements de Seine-et-Oise, de Seine-et-Marne, de l'Aisne, de la Moselle, de la Vendée, des Deux-Sèvres, et au Midi dans les Basses-Pyrénées et sur la rive méridionale du Rhône. Peu ou point de coulure; vendange précoce.

L'Yonne et la Meurthe rentraient aussi dans les contrées satisfaites; mais tandis qu'en Lorraine, on trouva le vin des vignes incisées plus alcoolique, il était déclaré plus acide en Bourgogne.

Une semblable incertitude se manifesta dans la Côte-d'Or; à Beaune, l'incision jadis appelée *contrôlage*, ne bonifia pas le vin, tandis que d'autres cantons se réjouirent de cueillir un raisin plus gros, plus sucré, plus hâtif de vingt jours.

Le Rapport des préfets de la Côte-d'Or et de l'Yonne fut invoqué par Aubergier, de Clermont-Ferrand, pour critiquer le *bistournage*, dans sa *Nouvelle méthode de vinification*, comme étant hostile à la richesse alcoolique et au bouquet du vin.

Ne vit-on pas jusqu'aux vignerons de Meudon qui firent retentir les échos de Suresnes et d'Argenteuil par d'ingrates clameurs; leurs vins étaient pâles, moins généreux, dégénérés dans les vignes crénelées! Ils avaient sans doute vendangé sur les apparences de la coloration, sans se rendre compte du degré de maturation de la pulpe.

Le comte Odart, le célèbre ampélographe, pratiqua la « circoncision » pendant une vingtaine d'années et la recommanda contre la coulure : 1° quand le thermomètre est au-dessous de $+10$°; 2° quand la pluie est interrompue fréquemment; 3° quand le brouillard plus funeste encore, est terminé par des coups de soleil ardents; 4° quand le sol est argileux. Son *Manuel du vigneron* fait des réserves en ce qui concerne la qualité du vin.

Plus affirmatif, M. Laujoulet, de Toulouse, signale l'amélioration du vin comme étant une des trois propriétés de l'incision. Dans la même région, M. Henri Matès, de Montpellier, suppose que l'incision altère la qualité du vin, malgré la précocité du raisin (*Le livre de la Ferme et des maisons de campagne.* T. II, p. 352); mais il ne base cette hypothèse sur aucune expérience.

Peut-être se sera-t-il inspiré des déclarations de son compatriote, M. Henri Bouschet, qui n'aurait plus trouvé au Muscat incisé que des traces fugaces de la saveur qui le caractérise, ce qui ne l'empêche pas de recommander l'incision estivale pour le spéculateur qui désire des fruits plus précoces et plus beaux, en la combinant avec l'éclaircissage de la grappe.

En remontant vers le Nord, nous sommes en présence de viticulteurs intelligents, opérant sur de grandes surfaces et se déclarant très-satisfaits du cran annulaire pour la récolte abondante, la vendange précoce et le vin amélioré. M. Belly de Bussy, conseiller général de l'Aisne, l'un des plus grands propriétaires de vignes, assure dans les *Annuaires de l'Aisne*, de 1820 à 1825, que dans le Laonnais, l'incision a produit un vin plus abondant et meilleur. Sur dix arpents, il a récolté dix fois plus que ses voisins, à surface égale, et il en attribue l'avantage à l'incision annulaire.

Vers la même époque, M. de Maud'huy, conseiller de préfecture de la Moselle, et le colonel d'artillerie Bouchotte, frère du Ministre de la Guerre, étudiaient l'incision au point de vue théorique et pratique et concluaient en sa faveur, devant l'Académie de Metz (1828) et dans le *Bulletin des Sciences agronomiques* (t. XII). Une vigne de 35 ares fut incisée en 1821 ; on la vendangea quinze jours avant les vignes voisines ; or, tandis que celles-ci étaient ravagées par la coulure, l'autre en était exempte, et se trouvait abondamment chargée de raisins. Le colonel Bouchotte répéta l'opération pendant plusieurs années avec le même succès. Il faut dire que, dans son mode de culture, la branche à fruit est retranchée annuellement et le provignage vient renouveler le cep tous les cinq ou six ans. Les inconvénients de la décortication sont ainsi atténués.

Les vignerons qui procèdent par recouchage annuel pourraient donc essayer l'incision, sans craindre de fatiguer leur plant.

Poursuivant nos recherches sur l'incision, nous rencontrons deux précieux documents dans la *Bibliothèque physico-économique* : l'un, en 1811, par CALVEL, sur la *culture du Chasselas* ; l'autre, en 1825 (cahier d'avril), par BAILLY DE MERLIEUX, *Note sur l'incision annulaire*. L'opération y est recommandée sagement ; on ne dirait pas mieux aujourd'hui.

La dernière brochure (tirée à part comme celle de Calvel), fait allusion à l'incision simple dont nous avons parlé. « Nous termi-
» nerons, dit C. Bailly, en rapportant une expérience faite par
» quelques simples vignerons, qui ont voulu pratiquer l'incision
» annulaire, connue chez eux sous le nom de *ronnage*, sans faire
» la dépense d'un sécateur annulaire. Ce procédé consiste à faire
» l'incision avec des ciseaux ordinaires, c'est-à-dire simplement à
» inciser l'écorce. Il est évident que dans le premier moment la
» séparation existe, et, tant qu'elle dure, les effets de l'incision
» doivent se manifester ; car la sève momentanément en effet,

» mais instantanément, est accumulée dans le système cortical; la
» coulure doit donc cesser, et bientôt la circulation rétablie par la
» guérison de cette légère plaie, ne permettra pas aux racines de
» souffrir d'une manière sensible. Les effets de ce moyen appel-
» lent l'attention du cultivateur et méritent d'être suivis. »

Quelques années plus tôt, *l'Atlas du Manuel théorique et pratique du Vigneron français* figurait, à côté des bagueurs à double
lame , « le ciseau inciseur de Molleville et Régnier ». L'outil a
l'aspect d'un sécateur, il est à lame simple, le profil du biseau est
convexe au lieu d'être évidé, ce qui facilite moins la prise du sarment comme avec la pince fabriquée en Auvergne, province où
l'incision simple, la fissure périphérique, est toujours en. hon-
neur.

C'est principalement dans le département du Puy-de-Dôme, et
cela depuis plus de cinquante ans, que les vignerons bistournent,
suivant une expression locale, c'est-à-dire incisent leurs vignes.
Là, le climat variable, le sol riche en éléments volcaniques, le cépage très-vigoureux, la taille à long bois avec courson de remplacement, le palissage de *l'arquet* ou de la *vinouse* contre l'action du
vent, et la maturité tardive du raisin favorisent l'application et
l'action du bistournage.

En juillet et en septembre 1869, une Commission composée de
MM. Fleury-Lacoste (Savoie), Laurens (Ariége), de la Loyère (Côte-
d'Or), Gaudais (Alpes-Maritimes), du Miral (Cantal), Jaloustre (Puy-
de-Dôme), et Charles Baltet (Aube), fut déléguée par le Ministre de
l'Agriculture pour examiner les effets de l'incision chez M. Ed. de
Tarrieux , à Saint-Bonnet près Vertaizon (Puy-de-Dôme). Nous
avons constaté que, continuant la tradition paternelle, M. de Tarrieux pratiquait l'incision simple depuis vingt ans, sur un quart de
son vignoble (soit 4 hectares). Le manque de bras, au printemps,
l'empêchant de l'étendre davantage, il en profite pour opérer chaque champ de vigne à peu près tous les quatre ans. Il n'y a guère
que les vieilles vignes, arrivées à leur terme, qui soient incisées
sans trêve ni merci.

On se sert de la pince à lames simples; son prix est de 1 franc!
Le commerce répandu des couteliers de Clermont prouve que le
bistournage n'est pas encore abandonné en Auvergne.

Cette persévérance de M. de Tarrieux avait été rapportée dans le *Journal d'Agriculture pratique* par MM. du Breuil et Jules Guyot ; ce dernier y revient dans ses *Etudes des vignobles de France* et dans son *Rapport sur la viticulture à l'Exposition universelle de 1867* : « L'incision annulaire, dit le docteur Jules Guyot, pra- » tiquée au moment de la floraison, empêche la coulure, fait gros- » sir le raisin, avance sa maturité et donne de meilleur vin. »

La question de la qualité des vins divise même les partisans de l'incision. Les uns, s'appuyant sur la présence dominante de la sève élaborée par les feuilles, moins froide que la sève brute des racines, trouvent le raisin incisé meilleur et son vin moins bon. D'autres, et M. de Tarrieux est du nombre, croient au con- traire que ce raisin est inférieur en qualité, et son vin supérieur. Les vins de Saint-Bonnet, provenant des vignes incisées, dégustés par la Commission, ont été trouvés de meilleure qualité que les autres.

Soumis au pesage gleucométrique, les moûts ont donné :

Raisins incisés :

227,5 grammes de sucre par 1 000 gr. de moût ;
13,25   —   d'alcool
14,7   —   Baumé

Raisins non incisés :

217,5 grammes de sucre par 1 000 gr. de moût ;
12,7   —   d'alcool
14,25   —   Baumé.

Un membre de la Commission, M. Laurens, Président de la So- ciété d'Agriculture de l'Ariége, avait appliqué, au printemps de 1869, l'incision sur 15 cépages différens plantés sur une surface de 18 ares et cultivés en treilles, à longs cordons. Afin d'égaliser les chances, une seule branche par cep fut incisée, soit 600 bran- ches. Bien que notre collègue opérât pour la première fois en se servant d'un couteau, la coulure fut paralysée à ce point que la récolte fut évaluée un quart en plus. Vers la fin de septembre, les moûts, contrôlés avec une exactitude rigoureuse au gleucomètre, donnèrent en partie l'avantage aux raisins incisés. Neuf variétés, les *Gamai de Liverdun, Pineau blanc, Riesling, Mataro, Cabernet Sauvignon, Œillade, Sauvignon rose, Sémillon blanc, Mausac rose* furent de ce nombre ; les *Muscadet de Sauterne, Pineau noirien, Mausac blanc, Furmint de Tokai, Petite Syrah* produisirent un degré égal ; seule la *Roussane* (cépage blanc de l'Ermitage) donna l'avantage aux fruits non incisés.

Quinze jours après, plusieurs cépages, entr'autres le Gémillon blanc et le Sauvignon rose incisés, avaient encore gagné de 4 à 6 centièmes de sucre, alors que quinze jours plus tôt les raisins non incisés avaient l'avantage sur plusieurs points.

Une semblable variation entre les épreuves s'était manifestée à Saint-Bonnet ; nous l'avons notée mathématiquement dans notre Rapport au Ministre.

Il serait intéressant de constater si le raisin forcé dans son développement réclame une récolte relativement plus tardive ou si son grossissement est plus sensible au temps de la coloration et de la maturité, ou encore si ce fait bizarre est la conséquence de la sécheresse persistante de l'été de 1869 qui a durci prématurément le raisin incisé, en le colorant trop vite, en dilatant sa pellicule, les pluies de l'automne ayant rétabli l'équilibre dans sa croissance anticipée.

D'ailleurs, les appréciations si diverses à propos de l'annellation proviennent de l'absence d'expériences comparatives, où il serait tenu compte de la température pendant le développement du raisin, du degré relatif de maturation, et des principes saccharins propres à chaque cépage. Il faudrait un point de départ uniforme pour que l'on pût exprimer un jugement équitable.

M. Bourgeois, amateur, au Perray, près de Rambouillet, qui entretient souvent la Société centrale d'Horticulture de France des avantages de l'incision sur les raisins de table et de pressoir, nous écrivait que l'année 1869, trop sèche au printemps, ne lui avait point permis de baguer ses treilles, et quand la pluie vint ranimer la végétation, il était trop tard. Un homme inexpérimenté, qui eût incisé quand même, aurait probablement attribué son échec à l'opération violente.

Toutefois cette défection ne s'est pas manifestée dans nos parages, chez M. Vondenet-Marcel, à Bar-sur-Seine, viticulteur pratiquant l'annellation.

La question de l'incision ayant surgi à nouveau, le zélé

jardinier-professeur de la Société d'Horticulture de Clermont (Oise), M. Bazin, a fait cette année des essais comparatifs sur six variétés de Vigne : Madeleine précoce, Chasselas doré, Chasselas rose, Muscat noir, Tokai de Hongrie, Mélinet. L'incision est victorieuse sur toute la ligne. « Le Mélinet n'a donné qu'un verjus de
» la grosseur d'un pois sur le sarment abandonné à lui-même,
» tandis que, du côté incisé, pendent des grappes longues de
» 0ᵐ 30 et pourvues de superbes grains arrivés à une maturité
» parfaite. » Aussi la Société s'empresse-t-elle de déclarer (1871, bulletin nº 16) « que l'ampleur des grappes incisées, la grosseur
» de leurs grains, leur coloris, et surtout leur saveur, démontrent
» l'évidente utilité de l'annellation dans les variétés à maturité
» tardive et surtout dans les années où la maturation se trouve
» interrompue par des froids précoces. »

Tous les cépages ne se prêtent pas à l'incision avec les mêmes chances ; il y a sans doute là une question de tempérament. Avec la Roussane qui baisse dans l'Ariége, sous l'influence de la décortication, nous citerons la Panse jaune et le Chasselas Napoléon qui restent coulards, au jardin botanique de Dijon, malgré le cran annulaire que leur inflige l'habile jardinier en chef, M. J. Weber, à côté de cépages exotiques, parfaitement dociles à l'incision. Chez M. Pulliat, viticulteur émérite du Beaujolais, le Malvoisie jaune de la Drôme, qui a une propension à la coulure, noue presque tous ses grains depuis dix ans qu'on l'incise, et le Jouannenc charnu ou Lignan du Jura, moins sujet à l'avortement, reste insensible à la blessure annulaire. M. Vibert, adepte de l'incision, retiré à Angers, par suite des ravages du ver blanc, se plaignait, en 1859, que la Grosse Perle blanche résistât à l'annellation.

C'est le cas d'un vice originel, la difformité dans la structure des organes sexuels, obstacle souvent invincible à leur fécondation.

En effet, nous n'avons jamais pu empêcher la coulure sur cette variété capricieuse et sur quelques autres du même genre. Mai l'intérêt dominant est avec les races de grande culture. Or, nous avons parfaitement réussi avec le premier de nos raisins de table, le Chasselas, et avec les cépages à cuve de nos contrées, les Pineaux, les Gamais ; comme confirmation, nous invoquons le témoignage ι e deux autorités agricoles, qui en ont jugé *de visu* et *gustu*.

A l'automne 1866, M. Lembezat, inspecteur général de l'Agriculture, lors de sa mission officielle dans l'établissement Baltet frères, fut frappé de la fertilité des ceps incisés, de la grosseur des raisins et de leur maturité précoce. Le 2 octobre 1864, M. le docteur Jules Guyot visitait nos pépinières. Il accorda une large part d'éloges à nos vignes incisées, dans son *Rapport au Ministre sur la Viticulture du centre-nord de la France* (1866, p. 324), dans le *Journal d'agriculture pratique* (5 juin 1865), et dans son remarquable ouvrage : *Etudes des vignobles de France* (t. III, p. 117).

« Je reconnais donc, écrit-il, et je proclame aujourd'hui l'im-
» portance de l'incision annulaire ; j'invite tous les viticulteurs,
» surtout ceux qui emploient les branches à fruits, à l'essayer. »
Et dans ses *Etudes des vignobles de France* (t. III, p. 642) :
« L'incision annulaire, pratiquée un peu avant la floraison, est
» un moyen très-efficace de conjurer à peu près toutes les causes
» de la coulure. Elle augmente le volume des grappes et en avance
» la maturité. C'est un moyen éprouvé et qui prendra un rang
» distingué dans la viticulture progressive. »

On l'a dit et répété depuis longtemps, l'Horticulture est le laboratoire de l'Agriculture. C'est généralement à son creuset que sont éprouvées les méthodes nouvelles et les plantes inédites avant leur vulgarisation dans le domaine agricole. D'ailleurs la Vigne n'est-elle pas un lien qui soude le champ au verger ? Ne voyons-nous pas nos professeurs d'Arboriculture étendre leur enseignement du jardin au vignoble ?

Par réciprocité, en 1857, la Viticulture admise pour la première fois aux Expositions universelles, n'a-t-elle pas choisi un pépiniériste pour l'organiser ?

Et les vignerons ne montrent-ils pas chaque jour une disposition à devenir jardiniers, soit en améliorant leurs cultures traditionnelles, soit en concourant à l'approvisionnement des grandes villes par des expéditions de raisins ?

Vous reconnaîtrez, Messieurs, que cette étude n'est pas étrangère à vos travaux.

N'oublions pas d'ailleurs que la Viticulture est une de

richesses de la France. Aucune nation ne pourra jamais la lui ravir.

Sachons donc, aujourd'hui, unir toutes les forces vives de l'Agriculture et de l'Horticulture pour aider notre beau pays à reconquérir et à conserver le rang qui lui appartient.

Paris. — Imprimerie de E. Donnaud, rue Cassette, 9.

www.ingramcontent.com/pod-product-compliance
Lightning Source LLC
Chambersburg PA
CBHW050450210326
41520CB00019B/6150